Winkelarten

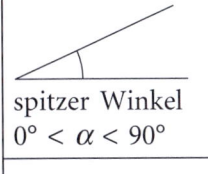 spitzer Winkel $0° < \alpha < 90°$	 rechter Winkel $\alpha = 90°$	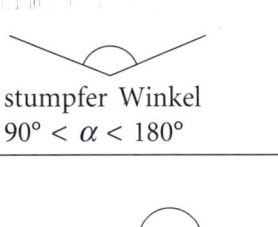 stumpfer Winkel $90° < \alpha < 180°$
 gestreckter Winkel $\alpha = 180°$	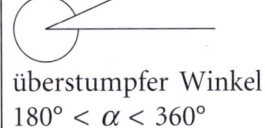 überstumpfer Winkel $180° < \alpha < 360°$	Vollwinkel $\alpha = 360°$

Winkel an sich schneidenden Geraden

Nebenwinkel

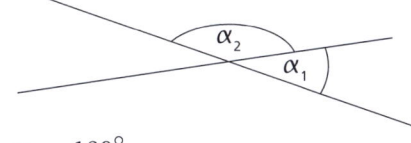

$$\alpha_1 + \alpha_2 = 180°$$

Die Winkel α_1 und α_2 bezeichnet man als Nebenwinkel(paar). Sie ergänzen sich zu 180°.

Scheitelwinkel

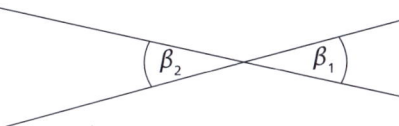

$$\beta_1 = \beta_2$$

Die Winkel β_1 und β_2 bezeichnet man als Scheitelwinkel(paar). Scheitelwinkel sind gleich groß.

Stufenwinkel und Wechselwinkel

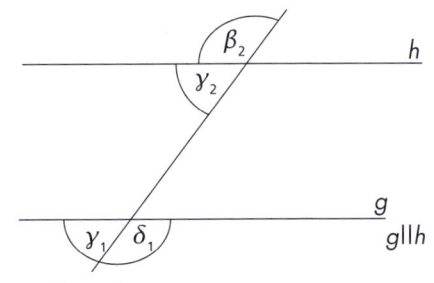

$$\gamma_1 = \gamma_2; \ \delta_1 = \beta_2$$

Die Winkel γ_1 und γ_2 bezeichnet man als Stufenwinkel(paar).

Die Winkel δ_1 und β_2 bezeichnet man als Wechselwinkel(paar).

Wechselwinkel sind gleich groß. Stufenwinkel sind gleich groß.

Winkelsumme S_n im „n-Eck"

In einem n-Eck gilt:
$$S_n = \alpha_1 + \alpha_2 + \ldots + \alpha_n = (n - 2) \cdot 180°$$

n = Anzahl der Ecken der jeweiligen Figur (Dreieck: n = 3).

Linien am Kreis

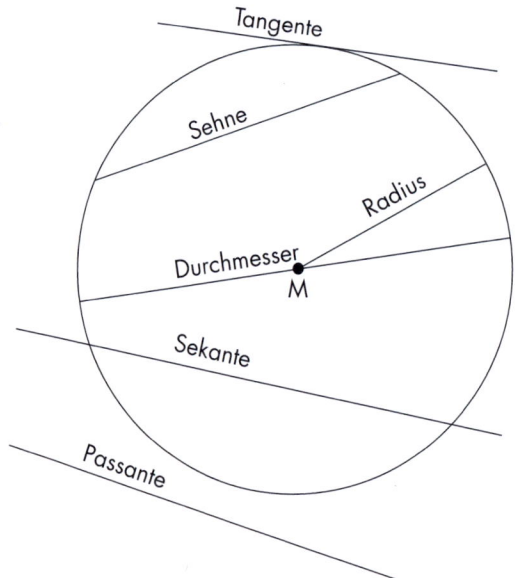

Eine Gerade, die genau einen Punkt mit dem Kreis gemeinsam hat, nennt man **Tangente**.

Eine Gerade, die den Kreis in zwei Punkten schneidet, heißt **Sekante**.

Eine Gerade, die keinen Punkt mit dem Kreis gemeinsam hat, wird als **Passante** bezeichnet.

Die Verbindungsstrecken von zwei Kreispunkten heißen **Sehnen** des Kreises. Geht die Sehne durch den Mittelpunkt M des Kreises, wird sie als **Durchmesser** (d) bezeichnet.

Die Strecke vom Mittelpunkt M zu einem beliebigen Punkt der Kreislinie heißt Radius (r).

Thaleskreis

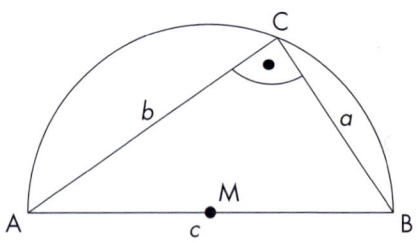

In einem rechtwinkligen Dreieck bezeichnet man den Halbkreis über der Hypotenuse (vgl. S. 15) auch als **Thaleskreis**.

Der Mittelpunkt M des Thaleskreises ist der Mittelpunkt der Hypotenuse.

Satz des Thales

Liegt ein Punkt C eines Dreiecks ABC auf dem Halbkreis über der Seite c (Thaleskreis), dann ist das Dreieck rechtwinklig mit γ als rechtem Winkel und c als Hypotenuse.

Umkehrung des Satzes:
Ist das Dreieck ABC ein rechtwinkliges Dreieck mit $\gamma = 90°$, so liegt C auf dem Thaleskreis über der Seite c.

Umfangswinkelsatz

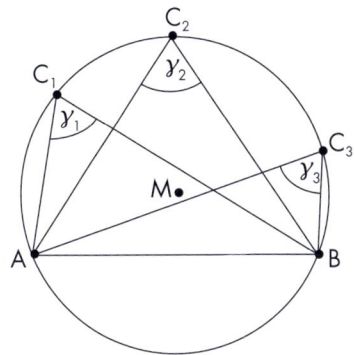

$\gamma_1 = \gamma_2 = \gamma_3$

Den Winkel γ bezeichnet man als **Umfangswinkel**.

Alle Umfangswinkel über demselben Kreisbogen sind gleich groß.

Umfangs-Mittelpunktswinkel-Satz

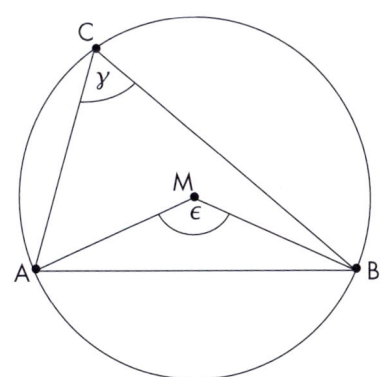

$\gamma = \dfrac{\epsilon}{2}$

Den Winkel ε bezeichnet man als **Mittelpunktswinkel**.

Jeder Umfangswinkel über demselben Bogen ist halb so groß wie der zugehörige Mittelpunktswinkel.

3

Kongruenzsätze

Wenn Dreiecke kongruent (deckungsgleich) sind, dann kann man sie durch Verschiebung, Spiegelung oder Drehung zur Deckung bringen.
Sie stimmen in Ihrer Größe und Gestalt überein, also
– in den Längen der entsprechenden Seiten ($a = a'$; $b = b'$; $c = c'$)
– in den Maßen entsprechender Winkel ($\alpha = \alpha'$, $\beta = \beta'$, $\gamma = \gamma'$).

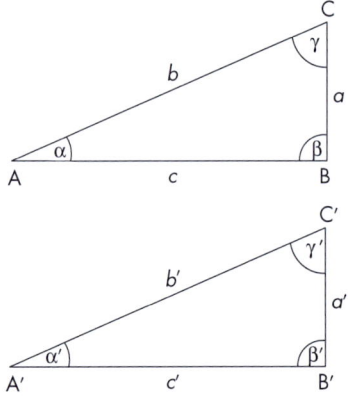

$\triangle ABC \cong \triangle A'B'C'$

Dreieck ABC ist kongruent zu
Dreieck A'B'C'.

Dreiecke sind kongruent, wenn
– sie in den Längen der drei Seiten übereinstimmen (SSS).
– sie in den Längen zweier Seiten und in der Größe des von ihnen eingeschlossenen Winkels übereinstimmen (SWS).
– sie in den Längen zweier Seiten und dem der größeren Seite gegenüberliegenden Winkel übereinstimmen (SSW).
– sie in zwei Winkeln und der Länge der eingeschlossenen Seite übereinstimmen (WSW).

Ähnlichkeitssätze

Wenn Dreiecke ähnlich sind, dann stimmen sie in ihrer Gestalt überein. Die Größe muss nicht notwendigerweise gleich sein:
– Sie stimmen in den Verhältnissen der entsprechenden Seitenlängen überein
($\frac{a}{a'} = \frac{b}{b'} = \frac{c}{c'}$).
– Sie stimmen in den Größen der entsprechenden Winkelmaße überein
($\alpha = \alpha'$, $\beta = \beta'$, $\gamma = \gamma'$).

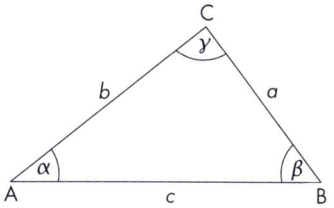 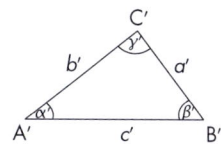

$\triangle ABC \sim \triangle A'B'C'$

Dreieck ABC ist ähnlich
Dreieck A′B′C′.

Dreiecke sind ähnlich, wenn
– sie im Verhältnis der drei Seitenlängen übereinstimmen.
– sie im Verhältnis zweier Seitenlängen und dem Maß des von ihnen eingeschlossenen
  Winkels übereinstimmen.
– sie im Verhältnis zweier Seitenlängen und der Größe des Winkels, welcher der
  größeren Seite gegenüberliegt, übereinstimmen.
– die Maße zweier Winkel gleich sind.

Strahlensätze

Werden zwei Geraden
mit dem Schnittpunkt
S von zwei Parallelen
geschnitten, dann ...

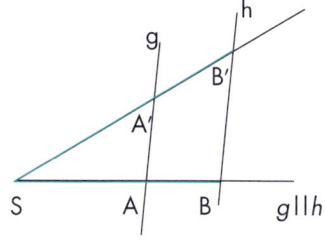

1. Strahlensatz

$$\frac{\overline{SA}}{\overline{SB}} = \frac{\overline{SA'}}{\overline{SB'}}$$

verhalten sich die
Abschnitte auf der
ersten Gerade wie die
entsprechenden Abschnitte
auf der zweiten Gerade.

2. Strahlensatz

$$\frac{\overline{SA}}{\overline{SB}} = \frac{\overline{AA'}}{\overline{BB'}}$$

verhalten sich die
Abschnitte auf einer
Geraden wie die
entsprechenden
Abschnitte auf den
beiden Parallelen.

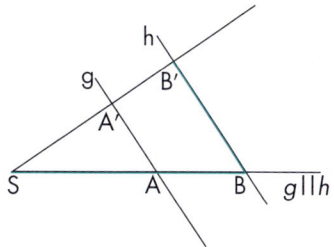

Dreieck

spitzwinkliges Dreieck

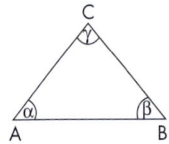

$\alpha < 90°$, $\beta < 90°$, $\gamma < 90°$

Sind in einem Dreieck alle drei Winkel kleiner als 90°, so ist es ein spitzwinkliges Dreieck.

rechtwinkliges Dreieck

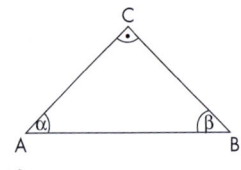

$\gamma = 90°$

Ist in einem Dreieck ein Winkel genau 90° groß, so handelt es sich um ein rechtwinkliges Dreieck.

stumpfwinkliges Dreieck

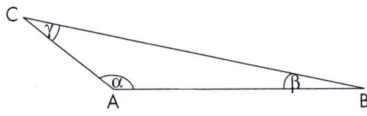

$\alpha > 90°$

Ist in einem Dreieck ein Winkel größer als 90°, so spricht man von einem stumpfwinkligen Dreieck.

gleichschenkliges Dreieck

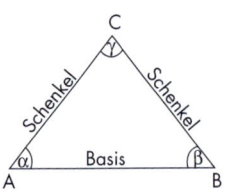

$a = b$, $\alpha = \beta$

Ein Dreieck mit mindestens zwei gleich langen Seiten nennt man gleichschenkliges Dreieck. Dabei nennt man die gleich langen Seiten Schenkel und die dritte Seite Basis. Die beiden Winkel an der Basis werden als Basiswinkel bezeichnet.

gleichseitiges Dreieck

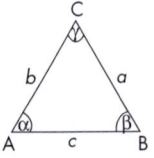

$a = b = c$; $\alpha = \beta = \gamma$

Ein Dreieck, bei dem alle drei Seiten gleich lang sind, heißt gleichseitiges Dreieck.

Mittelsenkrechte

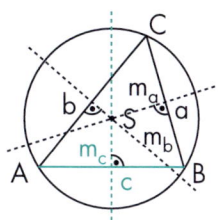

Die Mittelsenkrechte steht senkrecht auf der Seite und halbiert diese. Dabei ist z. B. m_c die zugehörige Mittelsenkrechte zur Seite c.
In jedem Dreieck schneiden sich die Mittelsenkrechten in einem Punkt S. Dieser ist gleichzeitig auch Mittelpunkt des **Umkreises**.

Winkelhalbierende

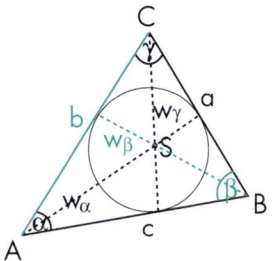

Die Winkelhalbierende halbiert den jeweiligen Winkel. Dabei ist z. B. w_β die Winkelhalbierende zum Winkel β.
In jedem Dreieck schneiden sich die Winkelhalbierenden in einem Punkt S. Dieser ist gleichzeitig auch Mittelpunkt des **Inkreises**.

Höhen

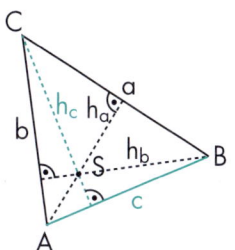

Das Lot bzw. die Senkrechte von einem Eckpunkt zur gegenüberliegenden Seite wird als Höhe bezeichnet. Dabei ist z. B. h_c die Höhe zur Seite c.
In jedem Dreieck schneiden sich die drei Höhen in einem Punkt S, dem **Höhenschnittpunkt**.

Seitenhalbierende

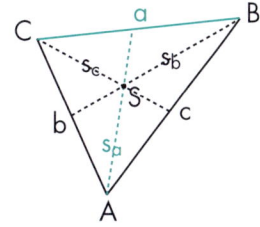

Die Verbindungsstrecke von einem Eckpunkt zum Mittelpunkt der gegenüberliegenden Seite heißt Seitenhalbierende. Dabei ist z. B. s_a die Seitenhalbierende zur Seite a.
In jedem Dreieck schneiden sich die Seitenhalbierenden in einem Punkt S, dem **Schwerpunkt** des Dreiecks.

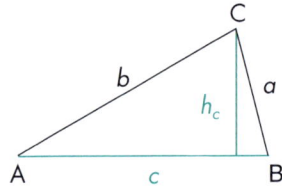

$$A = \frac{g \cdot h}{2} \qquad\qquad U = a + b + c$$

Um den Flächeninhalt A eines Dreiecks auszurechnen, wählt man eine beliebige Seite als Grundseite g (hier c), multipliziert diese mit der zugehörigen Höhe h (hier h_c) und teilt dieses Produkt durch 2.

Rechteck

Bei einem Rechteck sind **alle** Winkel 90° groß.

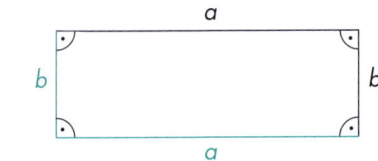

$$A = a \cdot b \qquad\qquad U = 2 \cdot a + 2 \cdot b$$

Quadrat

Ein Quadrat ist ein Rechteck mit **vier gleich langen Seiten**.

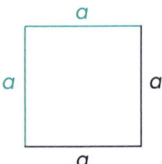

$$A = a \cdot a = a^2 \qquad\qquad U = 4 \cdot a$$

Parallelogramm

Bei einem Parallelogramm sind **gegenüberliegende Seiten** zueinander parallel.

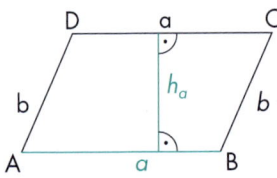

Um den Flächeninhalt A auszurechnen, wählt man eine beliebige Seite als Grundseite g (hier a) und multipliziert diese mit der zugehörigen Höhe h (hier h_a).

$$A = g \cdot h \qquad\qquad U = 2 \cdot a + 2 \cdot b$$

Raute

Bei einer Raute sind alle **vier Seiten** gleich lang.

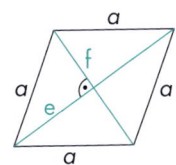

$$A = \frac{e \cdot f}{2} \qquad U = 4 \cdot a$$

Trapez

Ein Trapez ist ein Viereck, bei dem **mindestens zwei gegenüberliegende Seiten** parallel sind (hier a∥c).

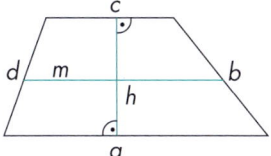

Um den Flächeninhalt A auszurechnen, werden die Längen der beiden parallelen Seiten addiert, durch zwei geteilt und mit der entsprechenden Höhe multipliziert.

$$m = \frac{a + c}{2} \qquad A = m \cdot h = \frac{a + c}{2} \cdot h$$

$$U = a + b + c + d$$

Drachenviereck

Bei einem Drachenviereck sind **je zwei benachbarte Seiten** gleich lang.

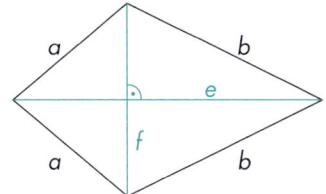

$$A = \frac{e \cdot f}{2} \qquad U = 2 \cdot a + 2 \cdot b$$

Kreis

Ein Kreis ist die Menge aller Punkte in der Ebene, die zu einem
festen Punkt M (Mittelpunkt) den gleichen Abstand r (Radius) besitzen.

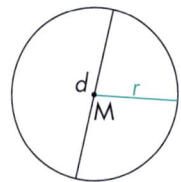

$d = 2 \cdot r$

$$A = \frac{\pi}{4} \cdot d^2 = \pi \cdot r^2 \qquad U = 2 \cdot \pi \cdot r = \pi \cdot d$$

Kreisausschnitt und Kreisbogen (b)

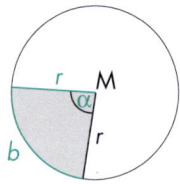

$$A = \pi \cdot r^2 \cdot \frac{\alpha}{360°} = \frac{b \cdot r}{2} \qquad b = 2 \cdot \pi \cdot r \cdot \frac{\alpha}{360°}$$

Kreisring

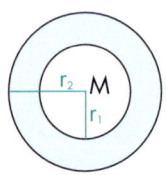

Um den Flächeninhalt A
auszurechnen, wird von der
größeren Kreisfläche (Radius = r_2)
die kleinere Kreisfläche (Radius =
r_1) subtrahiert.

$$A = \pi \cdot r_2^2 - \pi \cdot r_1^2$$

$$= \pi \cdot (r_2^2 - r_1^2)$$

Würfel

Ein Würfel wird von **sechs gleich großen Quadraten** begrenzt.

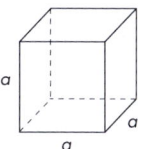

$$O = 6 \cdot a^2 \qquad\qquad V = a^3$$

Quader

Ein Quader setzt sich aus **6 Rechtecken** zusammen.
Die gegenüberliegenden Rechtecke sind **deckungsgleich (kongruent).**

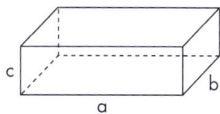

$$O = 2 \cdot a \cdot b + 2 \cdot b \cdot c + 2 \cdot a \cdot c \qquad V = a \cdot b \cdot c$$
$$= 2 \, (a \cdot b + b \cdot c + a \cdot c)$$

Prisma

Bei einem Prisma sind die Grundflächen G zwei **zueinander parallele und deckungsgleiche Vielecke.** Bei geraden Prismen ist die Mantelfläche M ein Rechteck.

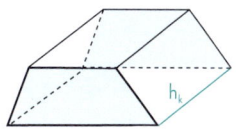

$$O = 2 \cdot G + M \qquad\qquad V = G \cdot h_k$$
$$= 2 \cdot G + U_G \cdot h_k$$

Zylinder

Ein gerader Zylinder wird von zwei zueinander **parallelen und deckungsgleichen Kreisflächen** (Grundflächen G) und einer rechteckigen Mantelfläche M begrenzt.

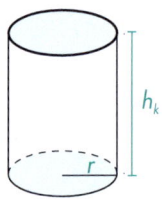

$$O = 2 \cdot G + M \qquad\qquad V = G \cdot h_k = \pi \cdot r^2 \cdot h_k$$
$$ = 2 \cdot G + U_G \cdot h_k$$
$$ = 2 \cdot \pi \cdot r^2 + 2 \cdot \pi \cdot r \cdot h_k$$

Kegel

Ein gerader Kegel wird von einer Kreisfläche (Grundfläche G) und einer gekrümmten Fläche begrenzt. Die gekrümmte Fläche ergibt bei einer Abwicklung in die Ebene einen Kreisausschnitt (Mantelfläche M).
S ist die Spitze des Kegels.

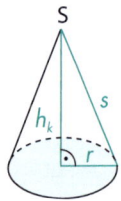

$$O = G + M \qquad\qquad V = \frac{1}{3} \cdot G \cdot h_k$$
$$ = \pi \cdot r^2 + \pi \cdot r \cdot s \qquad\quad = \frac{1}{3} \cdot \pi \cdot r^2 \cdot h_k$$
$$ = \pi \cdot r \cdot (r + s)$$

Pyramide

Die Grundfläche G der Pyramide ist ein Vieleck. Die Mantelfläche M besteht aus Dreiecken mit einer gemeinsamen Spitze. Bei der quadratischen Pyramide ist die Grundfläche G ein Quadrat.

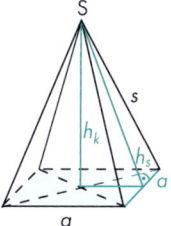

$O = G + M$　　　　　quad. Pyramide: $O = a^2 + 2 \cdot a \cdot h_s$

$V = \dfrac{1}{3} \cdot G \cdot h_k$　　　quad. Pyramide: $V = \dfrac{1}{3} \cdot a^2 \cdot h_k$

Kegelstumpf

Ein Kegelstumpf entsteht dadurch, dass man von einem geraden Kegel einen kleineren Kegel parallel zur Grundfläche G abschneidet.

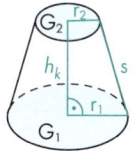

$$O = G_1 + G_2 + M$$
$$= \pi \cdot r_1^2 + \pi \cdot r_2^2 + \pi \cdot s \cdot (r_1 + r_2)$$
$$V = \frac{1}{3} \cdot \pi \cdot h_k \cdot (r_1^2 + r_1 \cdot r_2 + r_2^2)$$

Pyramidenstumpf

Ein Pyramidenstumpf entsteht dadurch, dass man von einer geraden Pyramide eine kleinere Pyramide parallel zur Grundfläche G abschneidet.

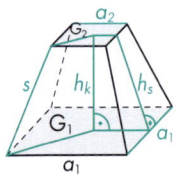

$O = G_1 + G_2 + M$

quad. Pyramidenstumpf: $O = a_1^2 + a_2^2 + 2 \cdot (a_1 + a_2) \cdot h_s$

$V = \dfrac{1}{3} \cdot h_k \cdot (G_1 + G_2 + \sqrt{G_1 \cdot G_2})$

quad. Pyramidenstumpf: $V = \dfrac{1}{3} \cdot h_k \cdot (a_1^2 + a_2^2 + a_1 \cdot a_2)$

Kugel

Eine Kugel ist eine gleichmäßig gekrümmte Fläche. Alle Punkte dieser Fläche haben von einem festen Punkt M im Raum den gleichen Abstand r.

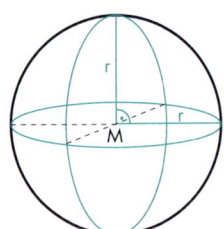

$O = 4 \cdot \pi \cdot r^2$ $V = \dfrac{4}{3} \cdot \pi \cdot r^3$

$ = \pi \cdot d^2$ $ = \dfrac{1}{6} \cdot \pi \cdot d^3$

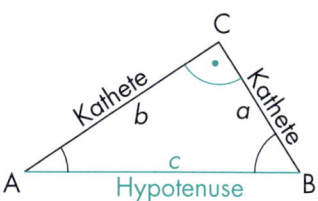

In einem **rechtwinkligen Dreieck** bezeichnet man die dem rechten Winkel gegenüberliegende Seite als Hypotenuse (hier c) und die beiden den rechten Winkel einschließenden Seiten als Katheten (hier a und b).

Satz des Pythagoras

In jedem rechtwinkligen Dreieck gilt:

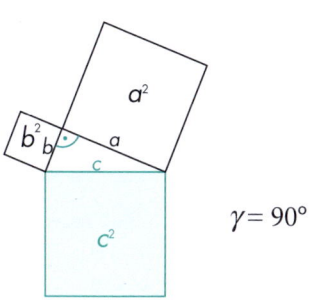

$\gamma = 90°$

Der Flächeninhalt des Hypotenusenquadrates ist genauso groß wie die Summe der Flächeninhalte der beiden Kathetenquadrate.

$$a^2 + b^2 = c^2$$

Umkehrung des Satzes:
Für jedes Dreieck ABC mit $a^2 + b^2 = c^2$ ist $\gamma = 90°$

Hypotenusenabschnitte

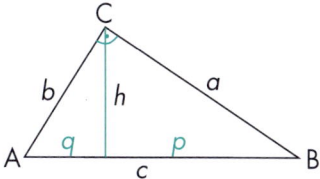

In einem rechtwinkligen Dreieck zerlegt die Höhe über der Hypotenuse diese in zwei Hypotenusenabschnitte p und q. Der Abschnitt p gehört zur Kathete a, der Abschnitt q zur Kathete b.

Kathetensatz des Euklid

In jedem rechtwinkligen Dreieck gilt:

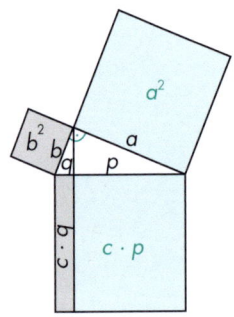

Das Quadrat über einer Kathete hat denselben Flächeninhalt wie das Rechteck aus der Hypotenuse und dem zur Kathete gehörenden Hypotenusenabschnitt.

$$a^2 = c \cdot p \qquad\qquad b^2 = c \cdot q$$

Höhensatz des Euklid

In jedem rechtwinkligen Dreieck gilt:

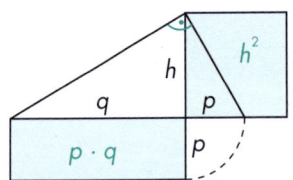

Das Höhenquadrat (zur Höhe der Hypotenuse) hat denselben Flächeninhalt wie das Rechteck aus den beiden Hypotenusen-abschnitten.

$$h^2 = p \cdot q$$

Rechtwinklige Dreiecke

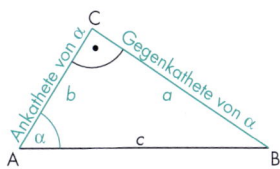

In einem rechtwinkligen Dreieck bezeichnet man die Kathete, die einem spitzen Winkel gegenüberliegt, als Gegenkathete zu diesem Winkel. Die dem Winkel anliegende Kathete bezeichnet man als Ankathete des Winkels.

In jedem rechtwinkligen Dreieck ($\gamma = 90°$) gilt:

$$\sin \alpha = \frac{a}{c}; \quad \sin \beta = \frac{b}{c}$$

$$\cos \alpha = \frac{b}{c}; \quad \cos \beta = \frac{a}{c}$$

$$\tan \alpha = \frac{a}{b}; \quad \tan \beta = \frac{b}{a}$$

Sinus eines Winkels
$$= \frac{\text{Gegenkathete}}{\text{Hypotenuse}}$$

Kosinus eines Winkels
$$= \frac{\text{Ankathete}}{\text{Hypotenuse}}$$

Tangens eines Winkels
$$= \frac{\text{Gegenkathete}}{\text{Ankathete}}$$

Beliebige Dreiecke

Für Winkelgrößen α mit $90° < \alpha \leq 180°$ gilt:
$\sin \alpha = \sin (180° - \alpha)$
$\cos \alpha = - \cos (180° - \alpha)$

Sinussatz

In jedem Dreieck gilt:
$$\frac{a}{b} = \frac{\sin \alpha}{\sin \beta}$$

$$\frac{b}{c} = \frac{\sin \beta}{\sin \gamma}$$

$$\frac{c}{a} = \frac{\sin \gamma}{\sin \alpha}$$

Zwei Seitenlängen verhalten sich wie die Sinuswerte ihrer gegenüberliegenden Winkel.

Kosinussatz

In jedem Dreieck gilt:
$a^2 = b^2 + c^2 - 2 \cdot b \cdot c \cdot \cos \alpha$
$b^2 = c^2 + a^2 - 2 \cdot c \cdot a \cdot \cos \beta$
$c^2 = a^2 + b^2 - 2 \cdot a \cdot b \cdot \cos \gamma$

Einheitskreis

Als Einheitskreis bezeichnet man einen Kreis, der den Radius
$r = 1$ Längeneinheit hat.
Am Einheitskreis kann man die Werte von Sinus und Kosinus ablesen.
Dabei ist sin α der Wert der y-Koordinate von P und cos α der Wert der x-Koordinate
von P [P(cos α/sin α)].

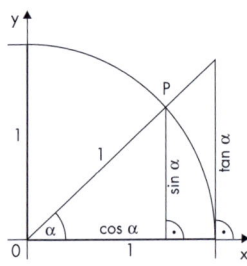

Es gelten folgende Beziehungen:

$\sin \alpha = \cos (90° - \alpha)$

$\cos \alpha = \sin (90° - \alpha)$

$\tan \alpha = \dfrac{\sin \alpha}{\cos \alpha}$, $\alpha \neq 90°, 270°$

$(\sin \alpha)^2 + (\cos \alpha)^2 = 1$

Besondere Werte

α	0°	90°	180°	270°	360°
sin α	0	1	0	−1	0
cos α	1	0	−1	0	1
tan α	0	nicht def.	0	nicht def.	0

Sinus-, Kosinus- und Tangensfunktion

y = sin α

y = cos α

y = tan α

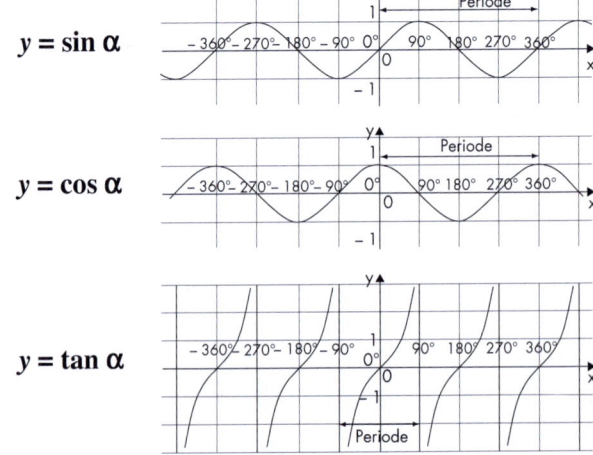

Rechenarten

Addition (+)

x	$+$	y	$=$	z
1. Summand		2. Summand		Wert der Summe

Subtraktion (−)

x	$-$	y	$=$	z
Minuend		Subtrahend		Wert der Differenz

Multiplikation (·)

x	$\cdot$	y	$=$	z
1. Faktor		2. Faktor		Wert des Produkts

Division (:)

x	$:$	y	$=$	z
Dividend		Divisor		Wert des Quotienten
		$y \neq 0$		

Rechengesetze und Rechenregeln

Für die Berechnung von Termen (Rechenausdrücken) gilt folgende Rechenreihenfolge:
1. Klammern berechnen
2. Punktrechnung (· und :) vor Strichrechnung (+ und −)
3. Von links nach rechts rechnen

Kommutativgesetz (Vertauschungsgesetz)

$a + b = b + a$

$a \cdot b = b \cdot a$

Bei der Addition und Multiplikation dürfen die Summanden bzw. die Faktoren miteinander vertauscht werden.
Der Wert der Summe bzw. des Produkts bleibt gleich.

Assoziativgesetz (Verbindungsgesetz)

$(a + b) + c = a + (b + c)$
$(a \cdot b) \cdot c = a \cdot (b \cdot c)$

In Summen und Produkten dürfen Klammern beliebig gesetzt werden.

Distributivgesetz (Verteilungsgesetz)

$a \cdot (b + c) = a \cdot b + a \cdot c$
$a \cdot (b - c) = a \cdot b - a \cdot c$

$(a + b) : c = a : c + b : c$
$(a - b) : c = a : c - b : c$

Das Distributivgesetz verwendet man zum Ausklammern bzw. Ausmultiplizieren.

Rundungsregeln

Abrunden

Die Stelle, auf die zu runden ist, bleibt unverändert, wenn die nachfolgende Ziffer eine 0, 1, 2, 3, 4 ist.

Aufrunden

Die Stelle, auf die zu runden ist, wird um 1 erhöht, wenn die nachfolgende Ziffer eine 5, 6, 7, 8, 9 ist.

Teilbarkeitsregeln

Eine Zahl ist durch ...

2 teilbar, wenn die letzte Ziffer eine 0, 2, 4, 6 oder 8 ist.
3 teilbar, wenn die Quersumme der Zahl durch 3 teilbar ist.
4 teilbar, wenn ihre beiden Endziffern eine Zahl darstellen, die durch 4 teilbar ist.
5 teilbar, wenn die letzte Ziffer eine 5 oder eine 0 ist.
6 teilbar, wenn die Zahl durch 2 und durch 3 teilbar ist.
8 teilbar, wenn ihre drei Endziffern eine Zahl darstellen, die durch 8 teilbar ist.
9 teilbar, wenn die Quersumme der Zahl durch 9 teilbar ist.
10 teilbar, wenn die letzte Ziffer eine 0 ist.
25 teilbar, wenn ihre beiden Endziffern eine Zahl darstellen, die durch 25 teilbar ist.

Quersumme

Die Quersumme einer Zahl wird berechnet, indem man die einzelnen Ziffern der Zahl addiert.

Binomische Formeln

1. $(a + b)^2 = a^2 + 2ab + b^2$

2. $(a - b)^2 = a^2 - 2ab + b^2$

3. $(a + b) \cdot (a - b) = a^2 - b^2$

Quadratische Gleichungen

Normalform: $\qquad\qquad x^2 + px + q = 0$

Lösungsmenge:
(p-q-Formel)

$$x_{1/2} = -\frac{p}{2} \pm \sqrt{\left(\frac{p}{2}\right)^2 - q}$$

Allgemeine Form: $\qquad ax^2 + bx + c = 0;\ a \neq 0$

Lösungsmenge:

$$x_{1/2} = \frac{-b \pm \sqrt{b^2 - 4ac}}{2a}$$

Lineare Funktionen

Normalform: $y = mx + b$

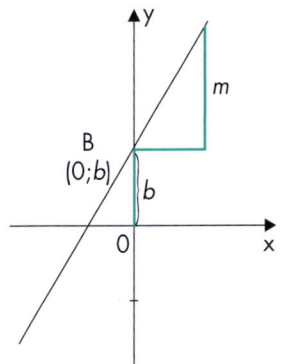

b ist der so genannte Achsenabschnitt.
Er gibt den Schnittpunkt B $(0; b)$ der Funktionsgeraden mit der y-Achse an.

Der Wert m gibt die Steigung der Funktionsgeraden an. Ist m positiv, steigt die Gerade, ist m negativ, fällt sie.

Berechnung der Steigung m

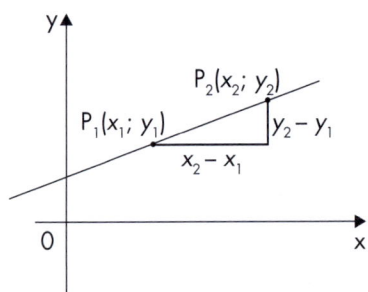

Verläuft die Funktionsgerade durch die beiden Punkte $P_1(x_1; y_1)$ und $P_2(x_2; y_2)$, so berechnet sich die Steigung m wie folgt:

$$m = \frac{y_2 - y_1}{x_2 - x_1}$$

Nullstelle N

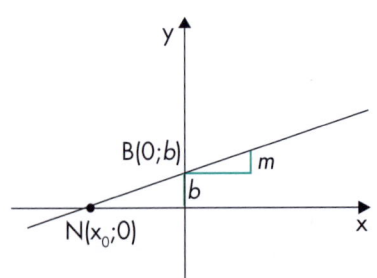

$x_0 = $ x-Koordinate des Schnittpunktes der Geraden mit der x-Achse

$$x_0 = \frac{-b}{m}$$

Quadratische Funktionen

Allgemeine Form: $y = ax^2 + bx + c$
Normalform: $y = x^2 + px + q$
Scheitelpunktform: $y = (x + d)^2 + c$

Der höchste bzw. tiefste Punkt der Parabel wird als Scheitelpunkt S bezeichnet.

Normalparabel: $y = x^2$

Die einfachste quadratische Funktion hat die Gleichung $y = x^2$ [S (0; 0)].
Der dazugehörige Graph wird als Normalparabel bezeichnet.

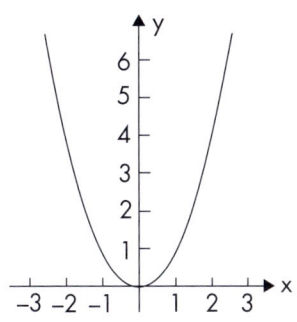

Verschiebung der Normalparabel

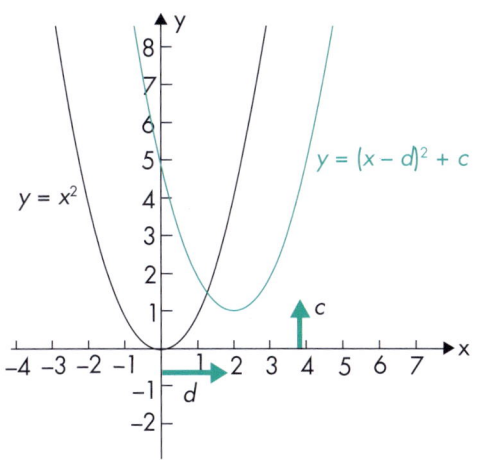

Der Wert c gibt an, um wie viele Einheiten die Normalparabel $y = x^2$ parallel zur y-Achse verschoben wird: $y = x^2 + c$. Ist c positiv, wird die Normalparabel nach oben, ist c negativ, wird sie nach unten verschoben.

d gibt an um wie viele Einheiten die Normalparabel ($y = x^2$) entlang der x-Achse verschoben wird: $y = (x + d)^2$. Ist d positiv, so wird die Normalparabel nach links verschoben, ist d negativ, so wird die Normalparabel nach rechts verschoben.

Der Scheitelpunkt S der Parabel $y = (x + d)^2 + c$ hat die Koordinaten S $(-d; c)$.

Zahldarstellungen

a Zähler
– Bruchstrich
b Nenner $b \neq 0$

Ein Bruch $\dfrac{a}{b}$ heißt ...

echt, wenn $a < b$	Der Zähler ist kleiner als der Nenner.
unecht, wenn $a > b$	Der Zähler ist größer als der Nenner.
$c\,\dfrac{a}{b}$, mit $c \in \mathbb{N}$, $a < b$ heißt **gemischte Zahl**	Gemischte Zahlen bestehen aus einer natürlichen Zahl und einem echten Bruch.
$\dfrac{a}{b}$, $\dfrac{c}{b}$, $\dfrac{d}{b}$ heißen **gleichnamige Brüche**	Gleichnamige Brüche haben den gleichen Nenner.
$\dfrac{a}{b}$, $\dfrac{a}{c}$, $\dfrac{a}{d}$ heißen **ungleichnamige Brüche**	Ungleichnamige Brüche haben verschiedene Nenner.

Brüche erweitern

$\dfrac{a}{b}$ erweitert mit c ($c \neq 0$): $\dfrac{a \cdot c}{b \cdot c}$

Ein Bruch $\dfrac{a}{b}$ wird mit einer Zahl c erweitert, indem Nenner **und** Zähler mit der Erweiterungszahl c multipliziert werden.

Brüche kürzen

$\dfrac{a}{b}$ gekürzt mit c ($c \neq 0$): $\dfrac{a : c}{b : c}$

Ein Bruch $\dfrac{a}{b}$ wird mit einer Zahl c gekürzt, indem der Nenner **und** der Zähler durch die Kürzungszahl c dividiert werden.

Brüche der Größe nach sortieren

Zwei Brüche werden der Größe nach sortiert, indem man die Brüche durch Erweitern oder Kürzen **gleichnamig** macht und **dann** entsprechend der **Zählergröße** ordnet.

Kehrwert

$\dfrac{a}{b}$ ist Kehrwert von $\dfrac{b}{a}$ $(a,\ b \in \mathbb{N})$

$\dfrac{b}{a}$ ist Kehrwert von $\dfrac{a}{b}$ $(a,\ b \in \mathbb{N})$

Man erhält den Kehrwert eines Bruchs, indem man Zähler und Nenner vertauscht.

Rechnen mit Brüchen

Brüche addieren und subtrahieren

$$\frac{a}{b} + \frac{c}{b} = \frac{a+c}{b}$$

$$\frac{a}{b} - \frac{c}{b} = \frac{a-c}{b}$$

Zwei Brüche werden addiert bzw. subtrahiert, indem sie zunächst durch Erweitern oder Kürzen gleichnamig gemacht werden. Anschließend werden die Zähler addiert bzw. subtrahiert. Der Nenner (b) wird beibehalten.

Brüche multiplizieren und dividieren

$$\frac{a}{b} \cdot \frac{c}{d} = \frac{a \cdot c}{b \cdot d}$$

Zwei Brüche werden multipliziert, indem die beiden Nenner und die beiden Zähler miteinander multipliziert werden.

$$\frac{a}{b} : \frac{c}{d} = \frac{a}{b} \cdot \frac{d}{c}$$

Man dividiert durch einen Bruch, indem man mit dem Kehrwert multipliziert.

Potenzbegriff

Produkte aus gleichen Faktoren lassen sich als Potenzen schreiben.

Für $m \in$ N gilt: $x^m = \underbrace{x \cdot x \cdot ... \cdot x}_{m \text{ Faktoren}}$ **x** bezeichnet man als **Basis** (Grundzahl) und **m** als **Exponent** (Hochzahl)

Für $m < 0$ und $m \in$ Z gilt: $x^m = \underbrace{\dfrac{1}{x} \cdot \dfrac{1}{x} \cdot ... \cdot \dfrac{1}{x}}_{m \text{ Faktoren}}$

Für $m = 0$ gilt: $x^m = 1$

Potenzgesetze

Potenzgesetz 1

$x^m \cdot x^n = x^{m+n}$ für $x \neq 0$

$\dfrac{x^m}{x^n} = x^{m-n}, \quad x \neq 0$

Man multipliziert bzw. dividiert Potenzen mit gleicher Basis, indem man die Exponenten addiert bzw. subtrahiert und die Basis beibehält.

Potenzgesetz 2

$x^m \cdot y^m = (x \cdot y)^m$ für $x \neq 0, y \neq 0$

$\dfrac{x^m}{y^m} = \left(\dfrac{x}{y}\right)^m, \quad x \neq 0, y \neq 0$

Man multipliziert bzw. dividiert Potenzen mit gleichem Exponenten, indem man die Basen multipliziert bzw. dividiert und den Exponenten beibehält.

Potenzgesetz 3

$(x^m)^n = x^{m \cdot n}$ für $x \neq 0$

ε

Man potenziert Potenzen, indem man die Exponenten multipliziert. Die Basis bleibt gleich.

Wurzelbegriff

Das Wurzelziehen (Radizieren) ist eine Umkehrung des Potenzierens.
Durch Wurzelziehen ermittelt man die Basis einer Potenz.
Mit $\sqrt[n]{x}$ (zu lesen: n-te Wurzel aus x) bezeichnet man diejenige Zahl, die mit n potenziert x ergibt, also: $\left(\sqrt[n]{x}\right)^{n} = x$ (für $x \geq 0$, $n \in \mathbb{N}$).

x bezeichnet man als **Radikand** und n als **Wurzelexponent**.

Des Weiteren gilt: $x^{\frac{m}{n}} = \sqrt[n]{x^{m}}$

Wurzelgesetze

Wurzelgesetz 1

$$\sqrt[n]{x \cdot y} = \sqrt[n]{x} \cdot \sqrt[n]{y}$$

für $x \geq 0$, $y \geq 0$, $n \in \mathbb{N}$

Man zieht aus einem Produkt die Wurzel, indem man aus jedem Faktor die Wurzel zieht und diese Ergebnisse multipliziert.

Wurzelgesetz 2

$$\sqrt[n]{\frac{x}{y}} = \frac{\sqrt[n]{x}}{\sqrt[n]{y}}$$

für $x \geq 0$, $y \geq 0$, $n \in \mathbb{N}$

Man zieht aus einem Bruch die Wurzel, indem man aus dem Zähler und dem Nenner jeweils die Wurzel zieht und die Ergebnisse dividiert.

Wurzelgesetz 3

$$\sqrt[m]{\sqrt[n]{x}} = \sqrt[m \cdot n]{x}$$

für $x \geq 0$, m und $n \in \mathbb{N}$

Man zieht aus einer Wurzel die Wurzel, indem man die Wurzelexponenten multipliziert und danach die Wurzel zieht.

Logarithmus

Das Logarithmieren ist eine Umkehrung des Potenzierens.
Dadurch ermittelt man den Exponenten einer Potenz.
Unter dem Logarithmus von x zur Basis y (kurz: $\log_y x$) versteht man diejenige Zahl,
mit der man die Basis y potenzieren muss, um x zu erhalten.

Aus $\log_y x = z$ folgt $y^z = x$

Man schreibt auch: $y^{\log_y x} = x$

Logarithmusgesetze

Logarithmusgesetz 1

$\log_y (x \cdot z) = \log_y x + \log_y z$

für $x > 0,\ z > 0$

Der Logarithmus eines Produkts ist gleich der Summe der Logarithmen der Einzelfaktoren.

Logarithmusgesetz 2

$\log_y \dfrac{x}{z} = \log_y x - \log_y z$

für $x > 0,\ z > 0$

Der Logarithmus eines Bruches ist gleich dem Logarithmus des Zählers minus dem Logarithmus des Nenners.

Logarithmusgesetz 3

$\log_y x^z = z \cdot \log_y x$

für $x > 0$

Der Logarithmus einer Potenz ist gleich dem Produkt aus dem Exponenten und dem Logarithmus der Basis.

Grundbegriffe der Prozentrechnung

Bei der Prozentrechnung nennt man das Ganze den Grundwert (G), den Bruchteil des Ganzen nennt man Prozentsatz ($p\%$) und die Größe des Bruchteils nennt man Prozentwert (P).

Grundaufgaben der Prozentrechnung

$$P = \frac{G \cdot p}{100} \qquad G = \frac{P \cdot 100}{p} \qquad p = \frac{P \cdot 100}{G} \qquad (p\% = \frac{p}{100})$$

Grundbegriffe der Zinsrechnung

Die Zinsrechnung ist eine Anwendung der Prozentrechnung. Hier bezeichnet man das Ganze als Kapital (K), den Bruchteil des Ganzen als Zinssatz ($p\%$) und die Größe des Bruchteils als Zinsen (Z).

Grundaufgaben der Zinsrechnung

$$Z = \frac{K \cdot p}{100} \qquad K = \frac{Z \cdot 100}{p} \qquad p = \frac{Z \cdot 100}{K} \qquad (p\% = \frac{p}{100})$$

Zinsen für Bruchteile eines Jahres

Zinsen richten sich nach der Zeitdauer. Sind Zinsen für den Bruchteil eines Jahres zu berechnen, kommt noch der Zeitfaktor i dazu.

$$Z = \frac{K \cdot i \cdot p}{100}$$

Dabei kann i wie folgt angegeben werden:

In Tagen: $\quad i = \dfrac{\text{Anzahl Tage } (t)}{360} \qquad\qquad Z = \dfrac{K \cdot t \cdot p}{100 \cdot 360}$

In Monaten: $\quad i = \dfrac{\text{Anzahl Monate } (m)}{12} \qquad\qquad Z = \dfrac{K \cdot m \cdot p}{100 \cdot 12}$

Zinseszinsen

Werden Zinsen nicht vom Konto abgehoben, so werden sie im nächsten Jahr mitverzinst. Diese „Zinsen auf die Zinsen" nennt man Zinseszinsen.

Zinseszinsrechnung:

$$K_n = K \cdot \left(1 + \frac{p}{100}\right)^n$$

Der **Faktor** $\left(1 + \frac{p}{100}\right)^n$ gibt an, um welchen Betrag das Kapital nach n Jahren (inklusive Zins und Zinseszins) wächst.

Effektiver Jahreszins

Um Darlehensangebote vergleichen zu können, müssen Banken und Sparkassen einen **effektiven Jahreszins** angeben. Dieser beinhaltet neben den Zinsen auch die Gebühren für das Darlehen, also die gesamten **Darlehenskosten.**

$$\text{Effektiver Jahreszins} \approx \frac{\text{Darlehenskosten in \%} \cdot 24}{\text{Laufzeit in Monaten} + 1}$$

Der Begriff Stochastik stammt aus dem Griechischen und beschreibt die Kunst des geschickten Vermutens.

Grundbegriffe der Wahrscheinlichkeitsrechnung

Die Wahrscheinlichkeitsrechnung untersucht Gesetzmäßigkeiten zufälliger Erscheinungen.

Ein Zufallsexperiment bezeichnet eine Serie von gleichwertigen und voneinander unabhängigen Versuchen, die ein nicht vorhersagbares Ergebnis (auch Zufallsvariable) zur Folge haben. Die Menge der möglichen Ergebnisse nennt man Ergebnismenge (Ω) des Zufallexperiments.

Gemeinsamkeiten mehrerer möglicher Ausgänge (Ergebnisse) können zu einem Ereignis (E) zusammengefasst werden. Umfasst das Ereignis nur ein Ergebnis der Ergebnismenge, handelt es sich um ein Elementarereignis.

Wenn man annimmt, dass die Ergebnisse alle gleichberechtigt sind, d. h. mit der gleichen Wahrscheinlichkeit eintreten, so spricht man von einem Laplace-Experiment. Die Wahrscheinlichkeit P jedes Ergebnisses ist dabei:

$$P = \frac{1}{n} \qquad n = \text{Anzahl aller möglichen Ergebnisse}$$

Wird ein Zufallsexperiment sehr häufig durchgeführt, gibt die absolute Häufigkeit an, wie oft ein Ereignis aufgetreten ist.

Die relative Häufigkeit gibt an, wie hoch der Anteil eines Ergebnisses an der Gesamtzahl der Versuche ist:

$$\text{relative Häufigkeit} = \frac{\text{absolute Häufigkeit}}{\text{Gesamtzahl der Versuche}}$$

Die Wahrscheinlichkeit P gibt an, welche relative Häufigkeit man bei vielen Versuchen erwarten kann. Je größer die Anzahl der vorgenommenen Versuche, desto näher liegt die relative Häufigkeit an der tatsächlichen Wahrscheinlichkeit des Ereignisses.

Einstufiges Zufallsexperiment

Für die Wahrscheinlichkeit P eines Ereignisses (E) bei einem Laplace-Experiment gilt:

(1) $P(E) = \dfrac{\text{Anzahl der für E günstigen Ergebnisse}}{\text{Anzahl der möglichen Ergebnisse}}$

(2) $0 \leq P(E) \leq 1$

(3) $P(\bar{E}) = 1 - P(E)$

$P(E) = 0$: unmögliches Ereignis
$P(E) = 1$: sicheres Ereignis
$P(\bar{E})$:   Wahrscheinlichkeit des Gegenereignisses

Mehrstufiges Zufallsexperiment

In der Wahrscheinlichkeitsrechnung benutzt man Baumdiagramme (s. u.) zur Darstellung mehrstufiger Zufallsversuche.

1. Pfadregel (Produktregel)
Die Wahrscheinlichkeit für ein Ergebnis erhält man, indem man die Wahrscheinlichkeiten entlang des zugehörigen Pfads im Baumdiagramm multipliziert:

$P(a_2, b_3, \ldots) = p_2 \cdot q_3 \cdot \ldots$

2. Pfadregel (Summenregel)
Die Wahrscheinlichkeit für ein Ereignis erhält man, indem man die Wahrscheinlichkeiten der zugehörigen Ergebnisse addiert.

Baumdiagramm

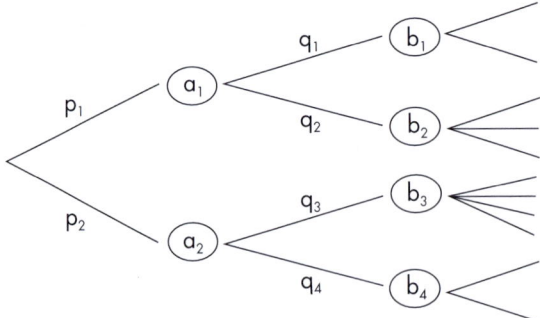

Dichte eines Körpers

Formel	Größe	Einheit
$\varrho = \dfrac{m}{V}$	ϱ = Dichte	Kilogramm durch Kubikmeter $\left(\dfrac{\text{kg}}{\text{m}^3}\right)$ oder Gramm durch Kubikzentimeter $\left(\dfrac{\text{g}}{\text{cm}^3}\right)$
	m = Masse	Kilogramm (kg)
	V = Volumen	Kubikmeter (m³)

Kräfte und Druck

Formel	Größe	Einheit
$F = m \cdot a$	F = Kraft	Newton (N)
	m = Masse	Kilogramm (kg)
	a = Beschleunigung	$1\dfrac{\text{m}}{\text{s}^2}$
	F_G = Gewichtskraft	
$F_G = m \cdot g$	g = Fallbeschleunigung	$g = 9{,}81\dfrac{\text{m}}{\text{s}^2}$
	F_R = Reibungskraft	
$F_R = \mu \cdot F_n$	μ = Reibungszahl	
	F_n = Normalkraft	
	p = Druck	
$p = \dfrac{F}{A}$	A = Fläche	Pascal (Pa), Bar (bar) Quadratmeter (m²)

Kraftumformende Einrichtungen

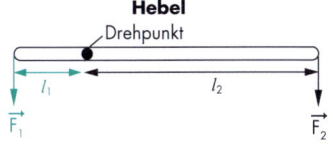

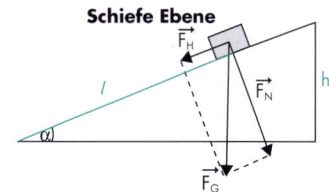

Formel	Größe	Einheit
Hebel $F_1 \cdot l_1 = F_2 \cdot l_2$	F = Kraft	Newton (N)
	l = Länge der Kraftarme	Meter (m)

Formel	Größe	Einheit

Schiefe Ebene

$$\frac{F_H}{F_G} = \frac{h}{l}$$

$F_H = F_G \cdot \sin \alpha$

$F_N = F_G \cdot \cos \alpha$

F_H = Hangabtriebskraft

F_G = Gewichtskraft

h_l = Höhe

F_N = Normalkraft

Newton (N)

Feste Rolle

$F_Z = F_H$

$s_H = s_Z$

F_Z = Zugkraft

F_H = Hubkraft

s_H = Hubhöhe

s_Z = Weg der Zugkraft

Newton (N)

Lose Rolle

$$F_Z = \frac{1}{2} \cdot F_H$$

$s_Z = 2 \cdot s_H$

Flaschenzug

$$F_Z = \frac{1}{n} \cdot F_H$$

$s_Z = n \cdot s_H$

n = Anzahl der tragenden Seilstücke im Flaschenzug

Feste Rolle

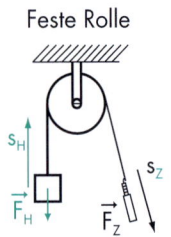

Lose Rolle

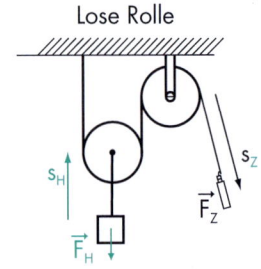

Flaschenzug

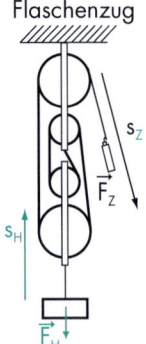

Arbeit, Leistung, Energie, Wirkungsgrad

Formel	Größe	Einheit
$W = F \cdot s$	W = Arbeit	Joule (J)
		Newtonmeter (N · m)
		$1\,\text{J} = 1\,\text{N} \cdot \text{m} = 1\,\text{kg} \cdot \dfrac{\text{m}^2}{\text{s}^2}$
	F = Kraft	Newton (N)
	s = Weg	Meter (m)
$W_H = F_G \cdot s$	W_H = Hubarbeit	
	F_G = Gewichtskraft	
	h = Höhe	
$W_R = F_R \cdot s$	W_R = Reibungsarbeit	
	F_R = Reibungskraft	
$P = \dfrac{W}{t}$	P = Leistung	Watt (W), $1\,\text{W} = 1\,\dfrac{\text{J}}{\text{s}}$
	W = Arbeit	Joule (J)
	t = Zeit	Sekunde (s)
$\eta = \dfrac{W_{\text{nutz}}}{W_{\text{zu}}} = \dfrac{P_{\text{ab}}}{P_{\text{auf}}}$	η = Wirkungsgrad	
	W_{nutz} = Nutzarbeit	Joule (J)
	W_{zu} = zugeführte Arbeit	
	P_{ab} = abgegebene Leistung	Watt (W)
	P_{auf} = zugeführte, aufgewendete Leistung	

Bewegung

Formel	Größe	Einheit
Gleichförmige Bewegung		
$v = \dfrac{s}{t}$	v = Geschwindigkeit	Meter durch Sekunde $\left(\dfrac{m}{s}\right)$, Kilometer durch Stunde $\left(\dfrac{km}{h}\right)$
	s = Weg	Kilometer (km)
	t = Zeit	Stunde (h)
Gleichmäßig beschleunigte Bewegung		
$a = \dfrac{\Delta v}{\Delta t}$	a = Beschleunigung	Meter durch Sekunde zum Quadrat $\left(\dfrac{m}{s^2}\right)$
	Δv = Geschwindigkeits-veränderung	
	Δt = Dauer	
Freier Fall		
$v = g \cdot t$	v = Geschwindigkeit	Meter durch Sekunde $\left(\dfrac{m}{s}\right)$, Kilometer durch Stunde $\left(\dfrac{km}{h}\right)$
$h = \dfrac{1}{2} \cdot g \cdot t^2$	g = Fallbeschleunigung	$g = 9{,}81\ \left(\dfrac{m}{s^2}\right)$
	h = Fallhöhe	
	t = Zeit	

Mechanische Schwingungen

Formel	Größe	Einheit
$f = \dfrac{1}{T}$	f = Frequenz T = Schwingungsdauer	Hertz (Hz); 1 Hz = $1s^{-1}$
Variante:		
$f = \dfrac{n}{t}$	n = Anzahl der Schwingungen t = Zeit	

Gleichstrom

Formel	Größe		Einheit
$Q = I \cdot t$	Q	= Elektrische Ladung	Coulomb (C)
	I	= Stromstärke	Ampere (A)
	t	= Zeit	Stunde (h)
$P = U \cdot I$	P	= elektrische Leistung	Watt (W)
	U	= Spannung	Volt (V)
$W = U \cdot I \cdot t = P \cdot t$	W	= elektrische Arbeit	Joule (J)
			Newtonmeter (N $\cdot$ m)
			Wattsekunde (W $\cdot$ s)
$U = \dfrac{W}{Q}$			
$R = \dfrac{U}{I}$	R	= Widerstand	Ohm (Ω)
$I \sim U$	Ohm'sches Gesetz		

(bei konstanter Temperatur)

Widerstand eines Drahtes

Formel	Größe		Einheit
$R = \varrho \cdot \dfrac{l}{A}$	R	= Widerstand	Ohm (Ω)
	ϱ	= spezifischer Widerstand	
	l	= Länge des Drahtes	
	A	= Querschnittsfläche	

Reihenschaltung

Formel	Größe		Einheit
$U_G = U_1 + U_2$	U	= Spannung	Volt (V)
	U_G	= Gesamtspannung	
$I_G = I_1 = I_2$	I	= Stromstärke	Ampere (A)
	I_G	= Gesamtstromstärke	
$R_G = R_1 + R_2$	R	= Widerstand	Ohm (Ω)
	R_G	= Gesamtwiderstand	

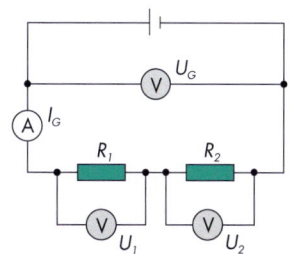

Formel	Größe	Einheit
Parallelschaltung		
$U_G = U_1 = U_2$	U = Spannung	Volt (V)
	U_G = Gesamtspannung	
$I_G = I_1 + I_2$	I = Stromstärke	Ampere (A)
	I_G = Gesamtstromstärke	
$\dfrac{1}{R_G} = \dfrac{1}{R_1} + \dfrac{1}{R_2}\,;$	R = Widerstand	Ohm (Ω)
$R_G = \dfrac{R_1 \cdot R_2}{R_1 + R_2}$	R_G = Gesamtwiderstand	

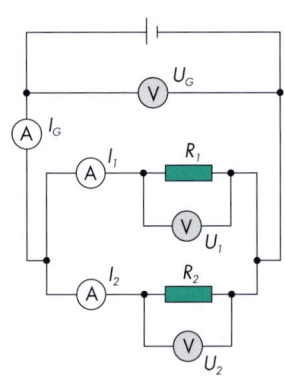

Wechselstrom

Formel	Größe	Einheit
Wechselstromstärke		
$i = i_{max} \cdot \sin(\omega \cdot t + \varphi)$	i = Momentanwert	
	i_{max} = Scheitelwert	$\dfrac{2 \cdot \pi}{T}$
	ω = Kreisfrequenz	
	t = Zeit	
	φ = Phasenwinkel	z. B. Sekunden (s)
	T = Periodendauer	
$I_{eff} = \dfrac{1}{\sqrt{2}} \cdot i_{max}$	I_{eff} = Effektivwert der Stromstärke	Ampere (A)

Formel	Größe	Einheit
Wechselspannung		
$u = u_{max} \cdot \sin(\omega \cdot t + \varphi)$	u = Momentanwert	
	u_{max} = Scheitelwert	
	ω = Kreisfrequenz	$\dfrac{2 \cdot \pi}{T}$
	t = Zeit	Sekunden (s)
	φ = Phasenwinkel	
	T = Periodendauer	
$U_{eff} = \dfrac{1}{\sqrt{2}} u_{max}$	U_{eff} = Effektivwert der Stromspannung	Volt (V)
$P_S = U_{eff} \cdot I_{eff}$	P_S = Scheinleistung	
	U_{eff} = Effektivwert der Stromspannung	Volt (V)
	I_{eff} = Effektivwert der Stromstärke	Ampere (A)
$P_W = U_{eff} \cdot I_{eff} \cdot \cos\varphi$ $\quad = P_S \cdot \cos\varphi$	P_W = Wirkleistung	
$P_B = U_{eff} \cdot I_{eff} \cdot \sin\varphi$ $\quad = P_S \cdot \sin\varphi$	P_B = Blindleistung	
$W_S = U_{eff} \cdot I_{eff} \cdot t = P_S \cdot t$	W_S = Scheinarbeit	
	t = Zeit	Sekunden (s)
$W_W = U_{eff} \cdot I_{eff} \cdot t \cdot \cos\varphi$ $\quad = P_W \cdot t$	W_W = Wirkarbeit	

Transformator

Spannungsübersetzung für einen idealen (unbelasteten) Transformator

$\dfrac{U_1}{U_2} = \dfrac{N_1}{N_2}$	U_1 = Primärspannung	Volt (V)
	U_2 = Sekundärspannung	
	N_1 = Windungszahl der Primärspule	
	N_2 = Windungszahl der Sekundärspule	

Stromstärkeübersetzung am stark belasteten Transformator

$\dfrac{I_1}{I_2} = \dfrac{N_2}{N_1}$	I_1 = Primärstromstärke	Ampere (A)
	I_2 = Sekundärstromstärke	

Formel	Größe	Einheit

Reflexionsgesetz

$\alpha = \beta$

$n = \dfrac{c_{\text{Vakuum}}}{c_{\text{Stoff}}}$

α = Einfallswinkel

β = Reflexionswinkel

n = Brechzahl

c = Lichtgeschwindigkeit

Eins

Brechungsgesetz

$\dfrac{\sin \alpha}{\sin \beta} = \dfrac{c_1}{c_2} = \dfrac{n_2}{n_1}$

c_1 = Lichtgeschwindigkeit im Stoff$_1$

c_2 = Lichtgeschwindigkeit im Stoff$_2$

n_1 = Brechzahl von Stoff$_1$

n_2 = Brechzahl von Stoff$_2$

$\alpha > \beta$; $n_1 > n_2$

$\sin \alpha_G = \dfrac{n_2}{n_1} = \dfrac{c_1}{c_2}$

α_G = Grenzwinkel der Totalreflexion

$n_1 > n_2$

Abbildungsgleichung

$\dfrac{1}{f} = \dfrac{1}{g} + \dfrac{1}{b}$

f = Brennweite

g = Gegenstandsweite

b = Bildweite

Meter (m)

$A = \dfrac{B}{G} = \dfrac{b}{g}$

A = Abbildungsmaßstab

B = Bildgröße

G = Gegenstandsgröße

$D = \dfrac{1}{f}$

$c = \lambda \cdot f$

D = Brechwert

c = Lichtgeschwindigkeit

λ = Wellenlänge des Lichts

Dioptrie (dpt); $1\ \text{dtp} = \dfrac{1}{m}$

Temperatur

Formel	Größe	Einheit
$\vartheta = (\frac{T}{K} - 273)°C$	ϑ = Temperatur	Celsius (°C)
$T = (\frac{v}{°C} + 273)\ K$	T = thermodynamische Temperatur	Kelvin (K)

absoluter Nullpunkt:
$\vartheta = -273\ °C$
$(0\ °C = 273\ K)$

Thermische Zustandsveränderungen

Formel	Größe	Einheit
Feste Stoffe		
$\Delta l = \alpha \cdot l_0 \cdot \Delta\vartheta$	Δl = Längenveränderung	
	α = Längenausdehnungszahl	$°C^{-1}$
	l_0 = Anfangslänge	
	$\Delta\vartheta$ = Temperaturveränderung	Celsius (°C)
$\Delta\vartheta = \vartheta_E - \vartheta_A$	ϑ_E = Endtemperatur	
	ϑ_A = Anfangstemperatur	
$l = l_0 \cdot (1 + \alpha \cdot \Delta\vartheta)$	l = Endlänge	
$\Delta V = \gamma \cdot V_0 \cdot \Delta\vartheta$	ΔV = Volumenänderung	
	γ = Volumenausdehnungszahl	$°C^{-1}$
	V_0 = Anfangsvolumen	
Gase		
Volumenveränderung (Gay-Lussac)		
$V = V_0(1 + \frac{1}{273\ °C} \cdot \vartheta)$	V = Volumen bei ϑ	Kubikmeter (m³)
$(p = $ constant$)$	V_0 = Volumen bei 0 °C	
	ϑ = Temperatur	Celsius (°C)
	p = Druck bei ϑ	Pascal (Pa)
Druckänderung		
$p = p_0(1 + \frac{1}{273\ °C} \cdot \vartheta)$	p_0 = Druck bei 0 °C	

Thermische Energie und Wärme

Formel	Größe	Einheit
1. Hauptsatz der Wärmelehre		
$\Delta E_i = W_{th} + W$	ΔE_i = Veränderung der inneren Energie	
	W_{th} = zugeführte Wärme	
	W = von einem Körper verrichtete Arbeit	
Wärmegleichung		
$W_{th} = c \cdot m \cdot \Delta\vartheta$	W_{th} = Wärme	Joule (J)
	c = spezifische Wärmekapazität	$\dfrac{J}{kg \cdot K}$
	m = Masse	Kilogramm
	$\Delta\vartheta$ = Temperaturveränderung	Celsius (°C)

Periodensystem der Elemente

Legende:
- Metalle
- Halbmetalle
- Nichtmetalle

Aggregatzustand:
- Na — fest
- Ne — gasförmig
- Br — flüssig

Hauptgruppe VIII: Edelgase
Hauptgruppe VII: Halogene

Ordnungszahl → 6 C ← Atomsymbol / Kohlenstoff ← Elementname

Periode	I. Hauptgruppe (1)	II. Hauptgruppe (2)	III. Nebengruppe (3)	IV. Nebengruppe (4)	V. Nebengruppe (5)	VI. Nebengruppe (6)	VII. Nebengruppe (7)	VIII. Nebengruppe (8)	VIII. Nebengruppe (9)	VIII. Nebengruppe (10)	I. Nebengruppe (11)	II. Nebengruppe (12)	III. Hauptgruppe (13)	IV. Hauptgruppe (14)	V. Hauptgruppe (15)	VI. Hauptgruppe (16)	VII. Hauptgruppe (17)	VIII. Hauptgruppe (18)
1	1 H Wasserstoff																	2 He Helium
2	3 Li Lithium	4 Be Beryllium											5 B Bor	6 C Kohlenstoff	7 N Stickstoff	8 O Sauerstoff	9 F Fluor	10 Ne Neon
3	11 Na Natrium	12 Mg Magnesium											13 Al Aluminium	14 Si Silicium	15 P Phosphor	16 S Schwefel	17 Cl Chlor	18 Ar Argon
4	19 K Kalium	20 Ca Calcium	21 Sc Scandium	22 Ti Titan	23 V Vanadium	24 Cr Chrom	25 Mn Mangan	26 Fe Eisen	27 Co Cobalt	28 Ni Nickel	29 Cu Kupfer	30 Zn Zink	31 Ga Gallium	32 Ge Germanium	33 As Arsen	34 Se Selen	35 Br Brom	36 Kr Krypton
5	37 Rb Rubidium	38 Sr Strontium	39 Y Yttrium	40 Zr Zirconium	41 Nb Niob	42 Mo Molybdän	43 Tc Technetium	44 Ru Ruthenium	45 Rh Rhodium	46 Pd Palladium	47 Ag Silber	48 Cd Cadmium	49 In Indium	50 Sn Zinn	51 Sb Antimon	52 Te Tellur	53 I Iod	54 Xe Xenon
6	55 Cs Caesium	56 Ba Barium	57 La Lanthan	72 Hf Hafnium	73 Ta Tantal	74 W Wolfram	75 Re Rhenium	76 Os Osmium	77 Ir Iridium	78 Pt Platin	79 Au Gold	80 Hg Quecksilber	81 Tl Thallium	82 Pb Blei	83 Bi Bismut	84 Po Polonium	85 At Astat	86 Rn Radon
7	87 Fr Francium	88 Ra Radium	89 Ac Actinium	104 Rf Rutherfordium	105 Db Dubnium	106 Sg Seaborgium	107 Bh Bohrium	108 Hs Hassium	109 Mt Meitnerium	110 Ds Darmstadtium	111 Rg Roentgenium	112		114				

Lanthanoide

58 Ce Cer	59 Pr Praseodym	60 Nd Neodym	61 Pm Promethium	62 Sm Samarium	63 Eu Europium	64 Gd Gadolinium	65 Tb Terbium	66 Dy Dysprosium	67 Ho Holmium	68 Er Erbium	69 Tm Thulium	70 Yb Ytterbium	71 Lu Lutetium

Actinoide

90 Th Thorium	91 Pa Protactinium	92 U Uran	93 Np Neptunium	94 Pu Plutonium	95 Am Americium	96 Cm Curium	97 Bk Berkelium	98 Cf Californium	99 Es Einsteinium	100 Fm Fermium	101 Md Mendelevium	102 No Nobelium	103 Lr Lawrencium

Elementname	Symbol	Ordnungs-zahl	Dichte in g/cm^3	Schmelz-temperatur in °C	Siede-temperatur °C
Alkohol/Ethanol			2,40	−114	78
Aluminium	Al	13	2,7	660	2467
Arsen	As	33	5,72	u. Druck 817	subl. 613
Beton			1,8–2,5		
Blei	Pb	82	11,3	327	1740
Bor	B	5	2,34	2300	3660
Brom	Br	35	3,12	−7	59
Calcium	Ca	20	1,55	842	1484
Chlor	Cl	17	1,56 (l)	−101	−34
Chrom	Cr	24	7,2	1857	2672
Cobalt	Co	27	8,9	1495	2870
Eisen	Fe	26	7,86	1535	2750
Fluor	F	9	1,51 (l)	−219	−188
Glas			2,23	815	
Helium	He	2	0,15	−272	−269
Kalium	K	19	0,86	63	760
Kochsalz	NaCl		2,16	808	1461
Kohlenstoff	C	6	2,25	u. Druck 3974	subl. 3930
Kupfer	Cu	29	8,96	1085	2572
Magnesium	Mg	12	1,74	650	1110
Mangan	Mn	25	7,43	1244	2095
Natrium	Na	11	0,97	98	883
Neon	Ne	10	1,2 (l)	−249	−246
Nickel	Ni	28	8,9	1455	2730
Phosphor	P	15	1,82	44	280
Platin	Pt	78	21,4	1772	3825
Plutonium	Pu	94	19,8	640	3230
Porzellan			0,846	1670	
Quecksilber	Hg	80	13,53	−39	357
Sauerstoff	O	8	1,15 (l)	−219	−183
Schwefel	S	16	2,07	113	445
Silber	Ag	47	10,5	962	2212
Stickstoff	N	7	0,81	−210	−196
Uran	U	92	19,1	1135	3818
Wasser	H$_2$O		0,999	0	100
Wasserstoff	H	1	0,07 (l)	−259	−253
Wolfram	W	74	19,3	3410	5660
Zink	Zn	30	7,14	420	907
Zinn	Sn	50	7,3	232	2602

(l) = g/l (Gas)   u. Druck = unter Druck   subl. = sublimiert

Geld			**Einheit**	**Abkürzung**
100 ct	=	1 €	Cent	ct
			Euro	€

Zeitspannen				
60 s	=	1 min	Sekunden	s
60 min	=	1 h	Minuten	min
24 h	=	1 d	Stunden	h
			Tag	d (day)

Gewichte				
1000 mg	=	1 g	Milligramm	mg
1000 g	=	1 kg	Gramm	g
1000 kg	=	1 t	Kilogramm	kg
			Tonne	t

Längen				
10 mm	=	1 cm	Millimeter	mm
10 cm	=	1 dm	Zentimeter	cm
10 dm	=	1 m	Dezimeter	dm
1000 m	=	1 km	Meter	m
			Kilometer	km

Flächen				
100 mm^2	=	1 cm^2	Quadratmillimeter	mm^2
100 cm^2	=	1 dm^2	Quadratzentimeter	cm^2
100 dm^2	=	1 m^2	Quadratdezimeter	dm^2
100 m^2	=	1 a	Quadratmeter	m^2
100 a	=	1 ha	Ar	a
100 ha	=	1 km^2	Hektar	ha
			Quadratkilometer	km^2

Volumina				
1000 mm^3	=	1 cm^3	Kubikmillimeter	mm^3
1000 cm^3	=	1 dm^3	Kubikzentimeter	cm^3
1000 dm^3	=	1 m^3	Kubikdezimeter	dm^3
			Kubikmeter	m^3

Hohlmaße				
10 ml	=	1 cl	Milliliter	ml
100 cl	=	1 l	Zentiliter	cl
100 l	=	1 hl	Liter	l
			Hektoliter	hl

Geometrie

In der Geometrie werden Punkte mit Großbuchstaben und Strecken, Geraden und Halbgeraden mit Kleinbuchstaben abgekürzt.

Griechische Buchstaben

α	(Alpha)	ι	(Jota)	ϱ	(Rho)
β	(Beta)	κ	(Kappa)	σ	(Sigma)
γ	(Gamma)	λ	(Lambda)	τ	(Tau)
δ	(Delta)	μ	(My)	υ	(Ypsilon)
ε	(Epsilon)	ν	(Ny)	φ	(Phi)
ζ	(Zeta)	ξ	(Xi)	χ	(Chi)
η	(Eta)	o	(Omikron)	ψ	(Psi)
ϑ	(Theta)	π	(Pi)	ω	(Omega)

Zeichen	Bedeutung		Bedeutung
A	Fläche (Area)	r	Radius
U	Umfang	d	Durchmesser
O	Oberfläche	π	3,14159265358…
V	Volumen	$a \parallel b$	a parallel b
G	Grundfläche	$a \perp b$	a steht senkrecht auf b
M	Mantel		
h	Höhe		
h_a	Höhe zur Seite a		
h_k	Körperhöhe		rechter Winkel (90 °)

Arithmetik/Algebra

Zeichen	Bedeutung	Zeichen	Bedeutung
$a < b$	a kleiner b	x^2	Quadratzahl von x; gelesen: x hoch 2 oder x-Quadrat
$a \leq b$	a kleiner oder gleich b		
$a > b$	a größer b	y^n	n-te Potenz von y; gelesen: y hoch n
$a \geq b$	a größer oder gleich b		
$\neq$	ungleich	$\log_b a$	Logarithmus a zur Basis b
$\cong$	entspricht		
$\dfrac{a}{b}$	a durch b	**Prozentrechnung**	
		G	Grundwert
$P\ (a;\ b)$	Punkt P mit der x-Koordinate a und der y-Koordinate b	P	Prozentwert
		$p\%$	Prozentsatz
$\sqrt{a}$	Quadratwurzel aus a; gelesen: Wurzel aus a	**Zinsrechnung**	
		K	Kapital
$\sqrt[n]{b}$	n-te Wurzel aus b; gelesen: n-te Wurzel aus b	Z	Zinsen
		$p\%$	Zinssatz
		i	Zeitfaktor

Mengen

N	Menge der natürlichen Zahlen N = {1, 2, 3, ...}
Z	Menge der ganzen Zahlen Z = {... −3, −2, −1, 0, 1, 2, 3 ...}
Q	Menge der rationalen Zahlen $Q = \{..., -2\frac{2}{3}\ ..., -1{,}25\ ..., -\frac{1}{2}\ ..., 0\ ..., \frac{1}{2}\ ..., 1{,}25\ ...)$
R	Menge der reellen Zahlen $R = \{..., -4\frac{1}{3}\ ..., -\sqrt{2}\ ..., -0{,}75\ ..., 0\ ..., 0{,}56\ ..., \sqrt{3}\ ..., \pi\ ...\}$

Römische Zahlen

I	V	X	L	C	D	M
1	5	10	50	100	500	1000

Größe	Formelzeichen	Name der Einheit	Einheitszeichen	Beziehungen zwischen den Einheiten
Dichte	ϱ	Kilogramm durch Kubikmeter Gramm durch Kubikzentimeter	$\dfrac{kg}{m^3}$	$1000\ \dfrac{kg}{m^3} = 1\ \dfrac{g}{cm^3}$
Kraft	F	Newton	N	$1\ N = 1\ \dfrac{kg \cdot m}{s^2}$
Druck	p	Pascal Bar	Pa bar	$1\ bar = 10^5\ Pa;\ 1Pa = 1\ \dfrac{N}{m^2}$
Arbeit, Energie	W, E	Joule Newtonmeter Wattsekunde Kilowattstunde	J $N \cdot m$ $W \cdot s$ $kW \cdot h$	$1\ J = 1\ N \cdot m = 1\ W \cdot s$
Leistung	P	Watt	W	$1\ W = 1\ \dfrac{J}{s};\ 1\ kW = 1{,}36\ PS$
Geschwindigkeit	v	Meter pro Sekunde Kilometer pro Stunde	$\dfrac{m}{s}$ $\dfrac{km}{h}$	$1\ \dfrac{m}{s} = 3{,}6\ \dfrac{km}{h}$
Beschleunigung	a	Meter durch Quadratsekunde	$\dfrac{m}{s^2}$	$1\ \dfrac{m}{s^2}$
Frequenz	f	Hertz	Hz	$1\ Hz = 1\ s^{-1}$
Elektrische Stromstärke	I	Ampere	A	
Elektrische Ladung	Q	Coulomb	C	$1\ C = 1\ A \cdot s$

Größe	Formel-zeichen	Name der Einheit	Einheits-zeichen	Beziehungen zwischen den Einheiten
Elektrische Spannung	U	Volt	V	$1\,\text{V} = \dfrac{\text{kg} \cdot \text{m}^2}{\text{s}^3 \cdot \text{A}}$
Elektrischer Widerstand	R	Ohm	Ω	$1\,\Omega = 1\,\dfrac{\text{V}}{\text{A}}$
Brechwert	D	Dioptrin	dpt	$1\,\text{dpt} = \dfrac{1}{\text{m}}$
Temperatur	ϑ	Celsius	°C	$0\,°\text{C} = 273\,\text{K}$
Thermodynamische Temperatur	T	Kelvin	K	$273\,\text{K} = 0\,°\text{C}$
Längenausdehnungszahl	α		°C^{-1}	
Volumenausdehnungszahl	γ		°C^{-1}	
Wärme	W_{th}	Joule Newtonmeter Wattsekunde Kilowattstunde	J N · m W · s kW · h	$1\,\text{J} = 1\,\text{N} \cdot \text{m} = 1\,\text{W} \cdot \text{s}$

Stichwortverzeichnis